神奇垃圾车

FANTASTIC GARBAGE TRUCK

1 污水绿光

长江出版社
CHANGJIANG PRESS

环盾局
装备介绍

资料录入中……

净化之刃

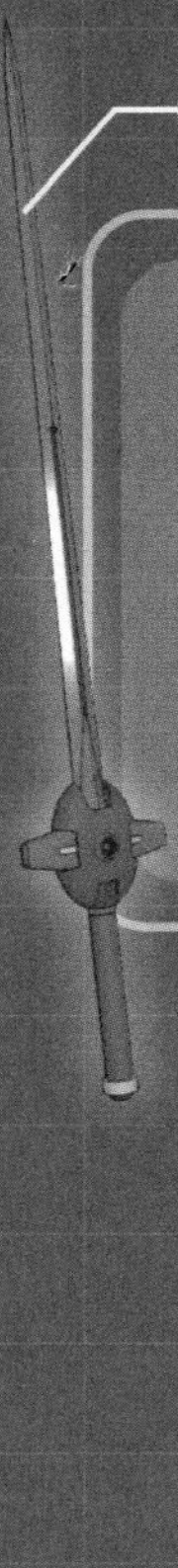

平时是一把普通大剑，外表看起来古朴，实际上却是一把高智能电子剑，它同面具系统相连，通过面具可以对其进行各类操控。

资料已载入

绿环侠

炽焰号

炽焰号

炽焰号的主要攻击手段为火焰喷射，随着温度的提升，有黄、红、白三档的攻击手段，炽焰号还能将喷射器组装在流焰的身体上变成铠甲。

资料已载入

蔚蓝号

蔚蓝号通常情况下不具备战斗力，它是由高密度的液态净化机器人组装而成的垃圾车，通过发射液态净化机器人来救助受伤的队友，并通过液体的独有传导性来接受和发送信号，是一台集救助和通信为一体的辅助垃圾车。它可以准确地分析出怪物的动向、能量的增减，以及怪物的种类。在遇到被污染的可回收物时，蔚蓝号会自我分解后以纳米级别的机器人渗入可回收物体内，将其净化并回收。

资料已载入

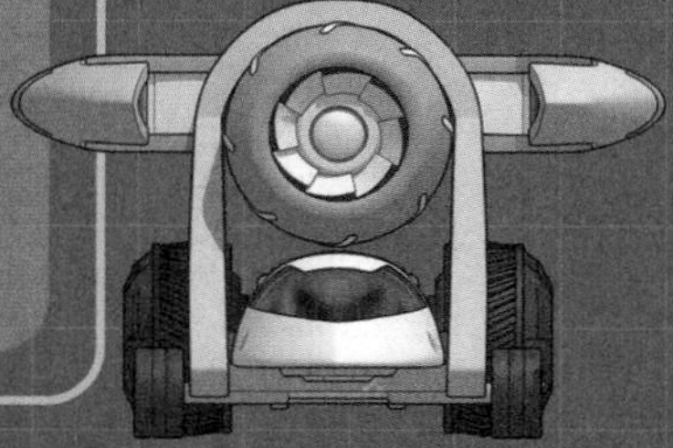

山崩号

山崩号拥有最坚硬的护盾，山崩号的周围有一圈通过电磁力场来操控的巨石护盾，巨石护盾可以分解为小石块来进行弹射攻击，并在弹射出去后在任意地方重组。山崩号的绝技为巨石埋葬，即将石块无差别自空中落下形成石头雨。

资料已载入

绿植号

绿植号配有许多功能各异的武器用来对付各类厨余垃圾，最厉害的武器是分解液和究极种子。分解液可以分解大多数难以回收的垃圾，将其化为养料；究极种子则可以通过在植入敌人身体中快速成长，将敌人的养分迅速吸收，并通过在敌人身体中生根发芽，来限制敌人的行动。

资料已载入

环盾局 成员介绍

资料录入中……

洁星

绿环侠

洁星

性别：男

年龄：10 岁

身高：150 厘米

体重：45 公斤

资料已载入

G博士

洁风

性别：男

年龄：60 岁

身高：170 厘米

体重：55 公斤

职业：人类保护环境联盟的科研者，培养了垃圾分类战队主要战斗力

资料已载入

流焰

性别：女

年龄：17 岁

身高：165 厘米

体重：47 公斤

资料已载入

炽焰号驾驶员

山崩号驾驶员

曙天

性别：男

年龄：18 岁

身高：175 厘米

体重：70 公斤

资料已载入

蔚蓝号驾驶员

绵绵

性别：女

年龄：15 岁

身高：150 厘米

体重：40 公斤

资料已载入

胖奇

性别：男

年龄：16 岁

身高：168 厘米

体重：84 公斤

资料已载入

绿植号驾驶员

目录

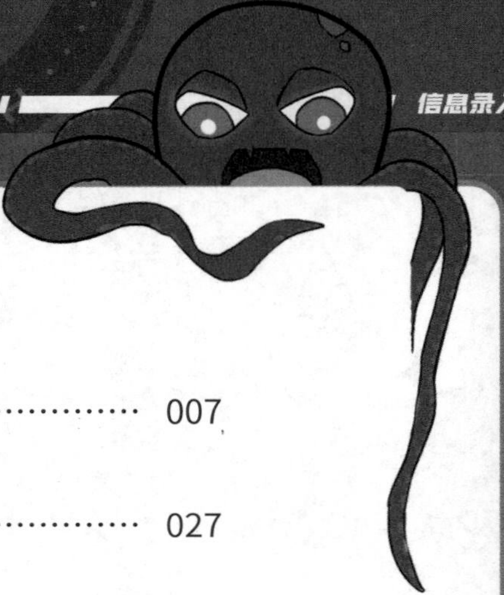

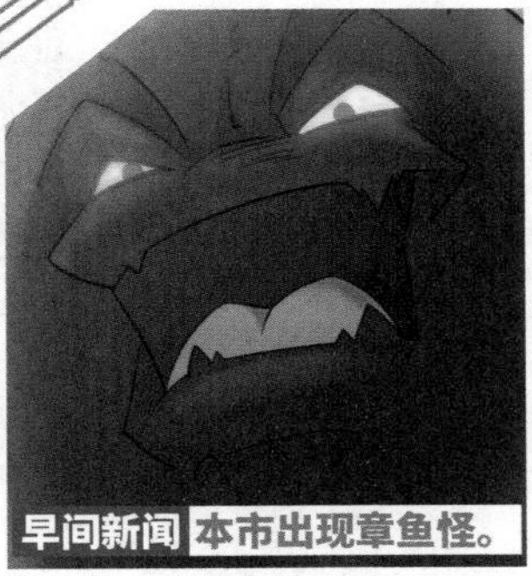
早间新闻 本市出现章鱼怪。

NO.1
暴走的章鱼兽

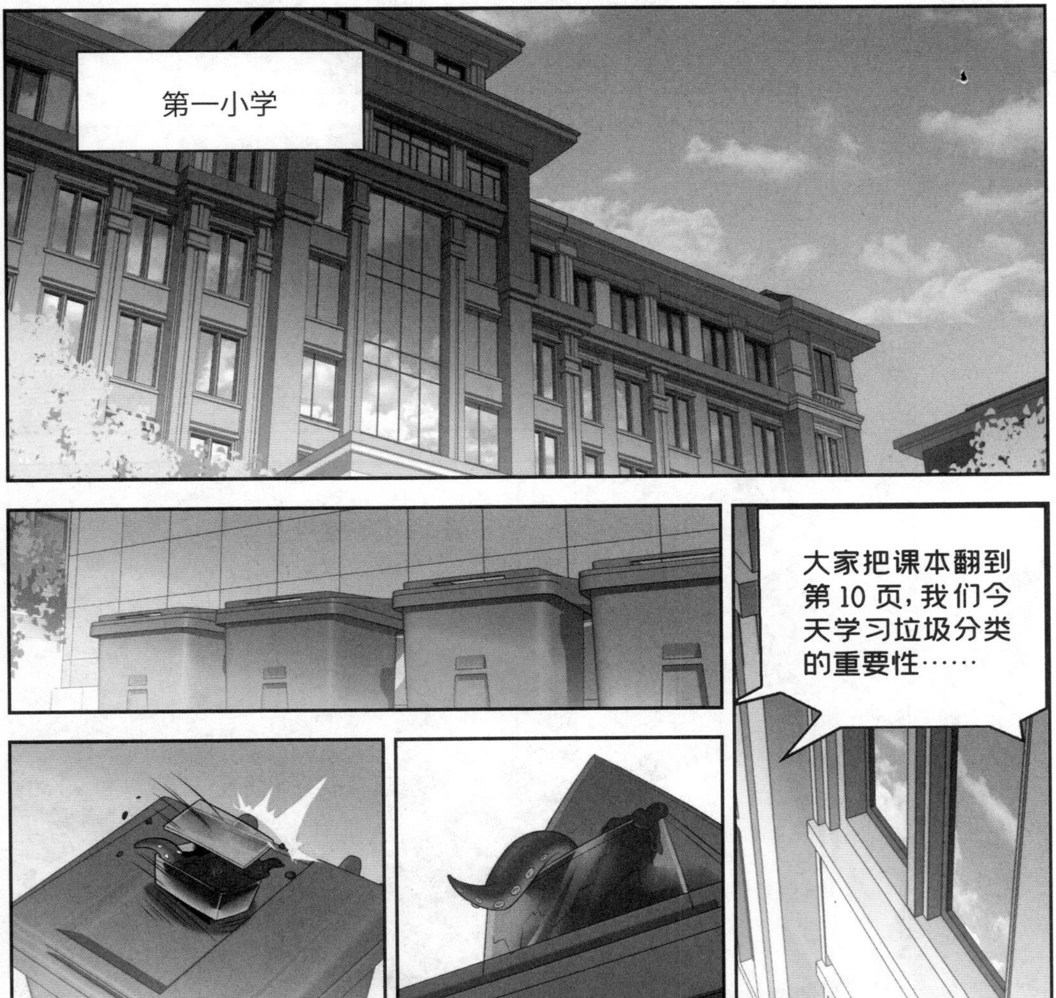
第一小学
大家把课本翻到第10页，我们今天学习垃圾分类的重要性……

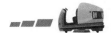

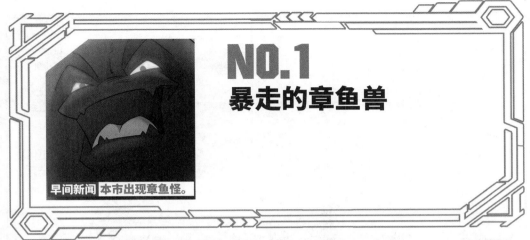

垃圾分类已经成为我们生活中必须掌握的知识技能。
垃圾分类能提高垃圾的资源价值和经济价值，力争物尽其用。
大量的垃圾聚集在一起，会生成……
若是放任其不管……
好无聊啊……这么好的天气，最适合出去晒太阳了。
嘿嘿！
心动不如行动……
它还会发酵膨胀，进而变异。
最终危及人类，对地球造成巨大的污染……

下面，我们请一位同学来回答问题。
洁星，你来回答……
人呢？
啊！垃圾兽！
一转眼就不见了，看来有必要好好地惩罚他……
咕噜
咕噜

嘭——
咔嚓——
玻璃破碎的声音,还有这股味道……
难道说……
咔嚓——
轰——
好臭!
放开我!放开我!
大家快去紧急避难所!
哒哒哒哒哒哒
吼!
吼!
吼!

污秽的人类!
全都毁灭!
紧急通知!
紧急通知!
我市第一小学附近出现巨大垃圾兽，所有人快速离开危险地带，前往最近的紧急避难所!
哒哒哒哒哒—
啊啊!
垃圾兽来了!
哒哒哒哒哒—
快逃啊!
呜呜呜呜……

小弟弟，别哭了，
不要害怕。
呜呜，哥哥我好害怕！爸爸妈妈不见了。
你看，那里是紧急避难所。
避难所里面种满了能抑制臭气的植物，垃圾兽不敢靠近。
所以，你现在别哭了，快过去。
而且，避难所还有很多人，说不定你的爸爸妈妈就在那里等你。
别怕，你不会有危险的。
你怎么知道这么多？
因为……

这是我爸爸的设计。
是不是很厉害？
[redacted]
是你们制造了我，使用了我，又抛弃了我，我就是垃圾之神！
毁灭吧，人类！
这一切都是你们咎由自取！
哈哈哈哈哈哈哈！
这头垃圾兽满满的厨余垃圾的气味。
哒—
嗯！小蚂蚁？

喂，小蚂蚁，你是来送死的吗？
3……
无视我？
我可是经过七七四十九天发酵的垃圾兽！
你这小蚂蚁竟敢来挑衅！
消失吧！
2……

嘭——
环盾局垃圾分类小队队长
——曙天
1!
嚓嚓嚓嚓嚓嚓——
曙天哥！你又比我计算的迟来一秒！
洁星！过来！

我就知道你又偷偷跑过来了！
跟你说了多少次不要偷跑，你就是不听！
翅膀硬了是吧？看我不好好教训你！
流焰姐！我错了！别揪了！
流焰，洁星还小，有话好好说。
他还小？天哥，你看到哪个小孩子这么让人操心的？
胖奇……
嘿嘿
好你个胖奇，你落井下石！
行了，都别说了。
洁星，这里是灾害区，
你快去你绵绵姐那儿躲好。

环盾局垃圾分类小队
队员—绵绵
小星，
快上车吧。
环盾局垃圾分类
小队
又来了几
只送死的
蚂蚁!

烦人的臭虫！
环保力量，填埋！
刷——
我的手居然……
被斩断了？
嚓嚓嚓嚓嚓——
12 点 56 分，
目标厨余垃圾，
巨型章鱼怪！

环保力量集结!
目标在3点钟方向!
流焰,我和胖奇掩护你,你找准时机上!
绵绵殿后!

放心吧，队长！
糟糕，它的触手太多，根本看不清！
唰——
唰——
算了，不管了！都一起炸掉吧！
原来是这样……狡猾的家伙！
流焰姐，攻击垃圾兽的眼睛！
厨余垃圾中的有害物质已经转移到它的眼睛了！
洁星！好好待着！
我蓄力需要时间，你们可要挡住了！

臭小鬼们，我要把你们全部变成我的点心！
嘭啪啪啪啪！
嘭嘭
嘭嘭
好臭，一股腐烂的气味，恶心的触手！
嘭嘭
环保力量降解！

可恶!
可恶!
我的手!
队长!
胖奇!
让开!
报告队长! 垃圾兽触手清理完毕!
环保力量焚烧!

啊!
怎么可能!
不——

呼——
搞定。
唰唰
唰唰
报告队长，
回收完毕。
洁星，
真有你的。
要不是你提醒，
恐怕我们还要费一
番波折才能击败它。

你也就是懂点垃圾分类，其他学科也要认真一点!
流焰姐……别戳，疼!
队长，我就说洁星行吧。
要不就让他也加入垃圾分类小队吧。
不行。
博士交给我们的任务是保护洁星。
他加入垃圾分类小队的事情，等他长大再说吧。
未完待续……

垃圾围城的困境

“垃圾”是什么？

垃圾通常是指失去使用价值的废弃物品，是不被需要或无用的固体或流体物质，是物质循环的重要环节。

垃圾围城的严峻形势

我们在物质文明越来越发达的现代社会中享受丰富而便捷生活，但同时也制造了大量的垃圾。

2019 年 12 月，生态环境部公布的《2019 年全国大、中城市固体废物污染环境防治年报》显示，2018 年，全国 200 个大、中城市生活垃圾产生量达 21147.3 万吨，处置量 21028.9 万吨，处置率达 99.4%。据统计，2018 年北京市每天生活垃圾清运量高达 2.67 万吨，上海市每天 2.15 万吨。如果把这些垃圾堆起来，短时间内，可以堆出许多座百层高楼。

垃圾围城——对环境的危害

污染生态环境

随意倾倒的垃圾露天堆放会产生臭气和污水，这些污染物进入空气、土壤和水体中，会给自然界带来巨大的危害。

危害身体健康

当垃圾被随意丢弃，进入河流、湖泊和农田，垃圾中的有害物质会渗入水体和土壤，接着进入植物和动物体内，进而以食物的形式进入我们的身体，对人们的健康造成危害。

占用土地资源

日益增长的生活垃圾使得城市原本能用几十年的生活垃圾填埋场，正以成倍速度提前堆满。长此以往，为了增加垃圾填埋区域就需要占用大量的土地资源。

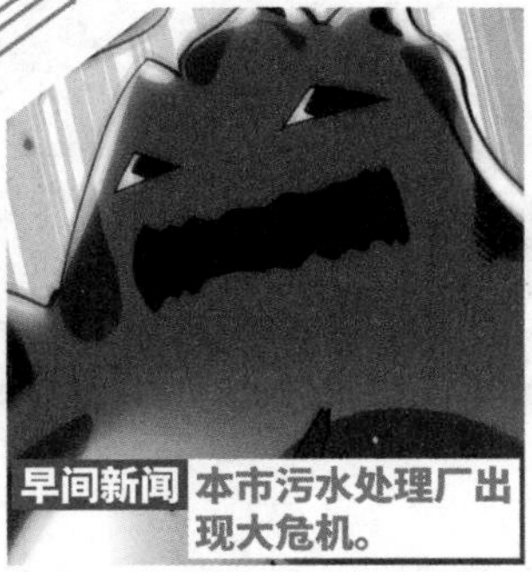
早间新闻
本市污水处理厂出现大危机。

NO.2 污水处理厂

终于放学喽!
明天见!
洁星，你休想逃跑!
今天恕不奉陪!
给我回来! 流焰让我给你补课!
新建的污水处理厂今天开始试运行!
我要去参观，才没空陪你玩呢!

你这小子，学习怎么就没见你这么积极呢！？
因为补课不好玩，当然不积极啦！
可恶！我一定要抓到你！
你跑不掉了！
嘿嘿，胖奇除了回收垃圾，平时还要多减减肥啊。
所以说呢，你的补课计划又落空了。
既然如此，我就不客气喽！

污水处理厂，
我来喽。
可恶！
洁星，
你给我记住！
哇，不愧是最先进
的污水处理厂！
真壮观！
嗯？
出了什么事？
很抱歉，因为突
发情况，今天的
建成仪式取消
了，各位请回吧。

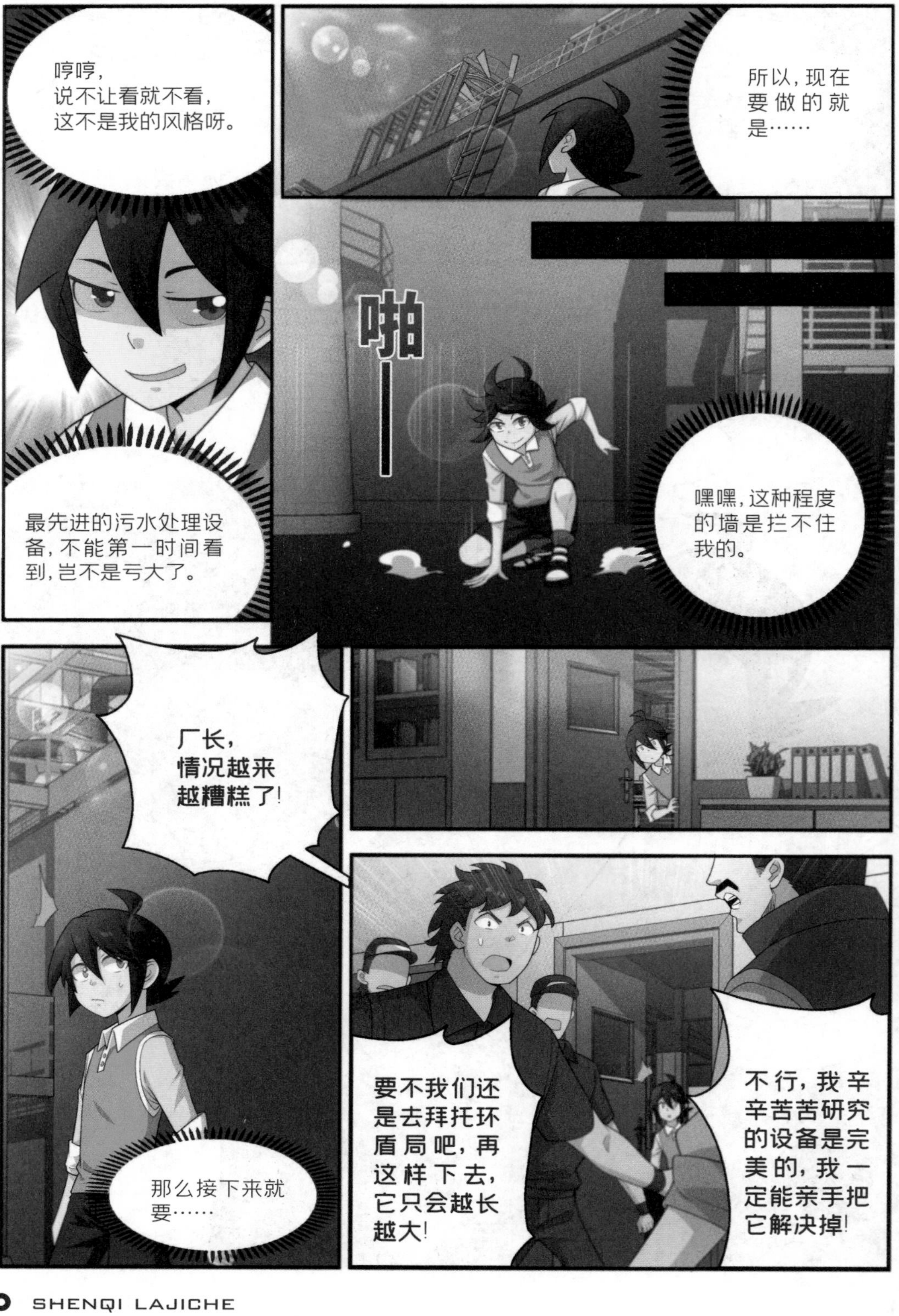
哼哼，
说不让看就不看，
这不是我的风格呀。
最先进的污水处理设备，不能第一时间看到，岂不是亏大了。
所以，现在要做的就是……
啪——
嘿嘿，这种程度的墙是拦不住我的。
厂长，
情况越来越糟糕了！
那么接下来就要……
要不我们还是去拜托环盾局吧，再这样下去，它只会越长越大！
不行，我辛辛苦苦研究的设备是完美的，我一定能亲手把它解决掉！

我看着它从很小一只长到现在这样，没人能比我更了解它了！
我们只能自己想办法解决它，麻烦别人绝对不行！
他提到了设备……
我记得之前的报道里说，这个污水处理厂的设备是厂长一个人研究出来的……
莫非他就是那个厂长？
不知道他们遇到了什么问题，不过有种奇怪的感觉……
去看一眼他说的设备好了……

这……
这是!
垃圾兽!
调节池里怎么会有这么大一只垃圾兽?
喂!
谁放你进来的!
糟糕!

小鬼……
你看到调节池里的东西了吗？
我看到了什么不重要，我倒想问问你……
为什么这里会有一只这么巨大的垃圾兽？
这……这和你没关系！
不愿意说吗，那让我来猜一猜。
这只垃圾兽是工业聚集区的废水混合了污泥形成的垃圾兽。
一开始也许并不大，你自信地以为自己能解决它。
但是随着污水中的污泥不断沉淀，你的设备又没有很好解决污泥过滤的问题，它才会越来越大，越来越强……

最后甚至能摧毁整个城市!
你知道如果让它继续成长下去会是什么样吗?
等到它逃出去了,会有多少人受伤,你知道吗?
我……
我明白了。
你说的有道理,现在该怎么办?
这次就算了,我已经联系了环盾局,接下来……
咕隆隆隆隆隆—
咕隆隆隆隆

这家伙……
居然在这个
时候醒过来！
大家赶快离
开调节池，
尽量跑到厂
外面去！

胖奇他们还没来……
看来只好我亲自出手了。
快看那边，是环盾局！
太好了，这里交给他们就放心了！
唉，每次都迟到几秒……
风头都被他们抢光了……
好吧好吧，污泥垃圾兽看你往哪儿跑！
唰
目标地点：污水厂，第一发现人：洁星。

胖奇，我不是让你给他辅导吗？你给我解释一下。
大姐，这不能怪我啊，我抓不住他，我也很绝望啊。
那家伙离开了处理厂，开始朝城区方向移动。
绵绵，分析结果出来了没？
噗嘭
噗嘭
大家都消消气，别冲动。
出……
出来了！
那只怪物是以污染性水源为主，在日积月累的积累过程中形成的污泥垃圾兽。
就是一团烂泥巴而已，看我一炮打爆它！

流焰，
等一下，
不要莽撞！
火焰弹一号、二号装填——发射！
把你和那只章鱼一样做成烤垃圾！
轰——
轰——
嘭！
嘭！

咦?
居然……
被拦截了!
那现在该怎么办?
眼睁睁看着它往市区移动吗?
这家伙懂得利用自身的水来形成武器……
当然不是!
流焰!
装填冻结弹,瞄准它的下半部!
明白!

唰唰唰唰唰唰——
冻结弹
装填!
环保力量
焚烧!
唰唰唰唰唰唰——
嘭嘭嘭嘭嘭——
那家伙又
在使用水
炮攻击了!
只要有一发命
中就成功了!
没关系,
就算水炮
的拦截再
强……

咔嚓
咔嚓
下半部被冻结了!
唰啦!
给我起来!
咔!
接下来看我的!
绵绵,用拘束网包住它的上半身!

明……
明白!
拘束网
发射!
嘭!
啪
流焰!
最后看你的了!
轰——
有……
有效果了!
不过,
这个形态看起来很像……

呼呼
呼呼
烧烤哎。
呼呼
呼
呼……总算搞定了，
这家伙可真臭。
那么，接下来就是把这堆烂泥巴装车送往专门的污泥处理厂……
窸窸窣窣

喂，你还想往哪儿跑？
哒——
还好我一路跟过来，不然就把你漏掉了。
接受净化吧，怪物。
喂，洁星！你什么时候跟过来的？
在学校让你逃掉了，现在你别想再溜走！
等一下！
现在不是讨论补课的时候，那个垃圾兽……
空空
如也

啧，它逃掉了……
哪还有什么垃圾兽？
你这又是找理由准备溜号吧？
唉……
就知道教训我，连怪物跑掉了都没发现。
不管你之前有没有，反正现在已经抓到你了。
流焰姐，我真的没有……
那就先一起把污泥送到污泥处理厂再回去上课吧！
这一届队员真是带不动……
算了，下一次还是我亲自出马吧。
未完待续……

可怕的垃圾渗滤液

垃圾渗滤液从哪里来？

1. 大气降水占了大部分。
2. 地下潜水的反渗。
3. 垃圾本身自有的水分。
4. 垃圾发生生化反应产生的水。

垃圾渗滤液的基本特征

特征一

污染物浓度高，化学需氧量（COD）和生化需氧量（BOD5）大多为工业污染物国家排放标准的几十倍以上。

特征二

既有有机污染成分，也有无机污染成分，同时还含有一些微量重金属污染成分，综合污染特征明显。

特征三

有机污染物含量多，成分复杂。

特征四

氨氮浓度很高，微生物营养元素比例严重失调。

垃圾渗滤液对人和环境的危害特别大，它包含的重金属等有害物质会改变土壤的成分和结构，使土壤的肥力和水分下降，其中有毒物质会通过食物链影响人体的健康。此外，在雨水的作用下，会造成地表水及地下水的严重污染，影响水生生物的生存和水资源的利用。

NO.3
追击吧！绿环侠

早间新闻
神秘人绿环侠出现，
他究竟是谁？

垃圾兽跑掉了……
当当
小星，睡前喝杯牛奶，对身体好。
谢谢绵绵姐，绵绵姐最好了！
喝完早点睡，今天白天太冲动了，不要再那么鲁莽了，知道吗？
有什么好怕的……
绵绵姐，不是有你们吗？你们肯定能打败垃圾兽的！嘿嘿。

你这个小机灵鬼,就会哄我……你要是把这些小机灵放在学习上就好了。
难道我垃圾分类的科目学得不好吗?
其他科目你也要认真学!知道吗?
知道了,好了好了,不早了,绵绵姐你快去睡觉吧!
嗯,你也早点休息!
咔!
呃……
上次逃跑的垃圾兽,如果放任它不管,恐怕会出问题,我得去看看。
但是赤手空拳去的话,又怕……
嘿嘿!老爸那儿肯定有很多好东西,先去老爸的实验室看看!

实验室

我来看看……都有什么好东西。

这不是爸爸的箱子吗？居然在这儿，爸爸以前碰都不让我碰一下，这里一定藏了什么东西。

嘿嘿，趁现在没人，打开看看……
四种颜色的面罩？难道代表着四类垃圾！
又不是万圣节，弄这些东西是干啥的……不过还挺好看的！
还有……鞋子、手套和披风，这几样看起来好像也没什么作用。

不管了！
先穿上再说！
咔！
咔！
呼噜
呼噜
呼噜
真是只猪……还以为是四个人的呼噜声，没想到是他一个人的。
这么大的呼噜声，流焰姐他们不会被他吵醒吧？

吵死了!
能不能小点声!
糟糕……
我这乌鸦嘴,流焰姐真的出来了,我得赶快溜。
我得再快点,被发现就糟了……
啊!

呼
嗯？这大晚上的……怎么感觉有一道冷风吹过。
呼……
好厉害的鞋子，居然可以加速。

既然鞋子这么厉害，
那么这个披风又有什么作用呢？
呼
哇哦！我飞起来了！这披风居然可以带我飞到半空中！真不错！
刷
两件东西加起来的效果岂不是会更好？我来试试……
嗖
哈哈，我也能飞啦！我是超人啦！
超人好像都有代号，我是不是也应该给自己起一个代号呢？取什么好呢……

保护绿色……保护环境……
等着吧！我绿环侠出手！一定会马到成功！
好！绿环侠！就它了！
嗖
唰
唰
唰
江边草坪
奇怪，我记得它是向江边方向逃跑的，按道理来说应该会在这儿留下残留的能量。
为什么一点它的踪迹都探寻不到？

叔叔，你有没有见过这里发生奇怪的事件？
比如……有垃圾兽出没之类的？
喂，大叔！你怎么了？
难道是我吓着他了？
这身装扮……好像是有点奇怪。
这里不像是有垃圾兽出没过的样子，它会不会是逃到垃圾场里去了？可能性很大……

心动不如行动，现在就去看看！
唰
哎！现在的年轻人……
咻
总觉得有些奇怪。
跑了这么远没找到，一定有什么地方被我忽略了……是什么呢？
唰
总觉得很不安……还是先回去再确定一遍吧！
咔！咔！
一群弱小的蚂蚁……

咦？竟然是水型的垃圾兽？
人类小鬼？
我还是第一次见到人形的垃圾兽，带回去给博士研究，博士一定很开心！
口出狂言的小鬼，昨天你们人类毁了我的身体！我今天就要让你们好看！

原来你就是昨天污水厂的垃圾兽，没想到你甩开了污泥，现在又变成了污水垃圾兽。
你是什么人……竟然知道昨天污水厂发生的事!
行不改名坐不改姓，小爷叫绿环侠，是来抓你的人!
呵呵，抓我之前你先看看下面的这些人类吧，他们可是正处在水深火热之中!
想支开我？你的如意算盘恐怕要落空了，环盾局的人马上就会赶来处理它们！你还是担心你自己吧!
呵呵？恐怕没你说的那么轻松！这些垃圾兽……
可不是区区一个环盾局能对付的!
哼!

该怎么选择呢？是救他们……还是来抓捕我？
你做了什么？
呵呵，不妨告诉你，我只是加了一点小小的添加剂，这些垃圾兽……
就已经开始进入第二阶段—暴走！

他们好像突然变得狂躁！怎么会这样？
咔！咔！
可恶！它们的力量忽然变大，速度也变快了！
咻
唰！

数据显示,两只垃圾兽都是混合型垃圾兽,主体成分分别是被污染的园林垃圾和……由于垃圾兽突然狂躁,导致其他成分暂且不明……
队长,再这样下去,我们需要新的作战计划!
唰
在制订新的作战计划之前一定要撑住!绝不能让垃圾兽走出江边!要不然其他人就危险了!
哗啦

管他什么变异混合垃圾兽，都是可燃物，让我一把火烧了你们！
咻
呼——
呼——
呼！
咻

糟了，为什么燃烧弹不起作用了！
咻！
咻！
没想到这手套这么厉害！大力神啊！
压

好聪明的家伙，居然用胖奇的车帮我躲过了一劫！
成分：混合垃圾。核心成分，被污染的园林垃圾：百分之六十；厨余垃圾：百分之四十，原来是厨余垃圾导致园林垃圾含水量大增，一般的燃烧弹根本就不起作用了！
你是……
可恶！差点伤到流焰姐！他们的力量果然增强了很多！
攻击它的树叶！厨余垃圾都混在树叶里了！
居然是厨余垃圾捣的鬼！

加大火力，
提高燃点！
狡猾的家伙！
消失吧！
咻！咻！
呼
唰
终于
消灭
掉了！
流焰！
你没
事吧！
我没事！
多亏了
这位
……
我叫
绿环侠！

多谢这位……
绿环侠救了我。
不谢不谢，你们先回收垃圾兽的残骸吧，我走了！
绿环侠，谢谢你今天的帮助。
累死我了，终于回收完了！这次能顺利打败这些垃圾兽，多亏了那个绿环侠的帮助。
你累个啥，基本都是绵绵在帮你回收！你还好意思喊累！

绿环侠的身份暂时还不清楚，不过为什么这些垃圾兽会集体暴走？
没错，这件事很严重，今后若是还有别的垃圾兽暴走，后果不堪设想。
没想到暴走的垃圾兽这么难对付，要是以后再出现这种现象怎么办……
我们一定要找出其中的关键，至于绿环侠……
这个绿环侠出手救了流焰，应该是友非敌，说不定以后还会继续帮助我们！
今天这么大动静，洁星这家伙居然没偷偷跑出来，看来这小子学乖了……
未完待续……

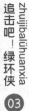

厨余垃圾的华丽转身

什么是厨余垃圾？

厨余垃圾是指生活垃圾中以有机质为主要成分，具有含水率高，易腐烂发酵发臭等特点的物质，主要包括：单位食堂、宾馆、饭店和酒楼等产生的餐厨垃圾；农贸市场、农产品批发市场和生鲜超市产生的蔬菜瓜果垃圾、腐肉、肉碎骨、蛋壳、畜禽产品内脏，过期食品等；以及居民家庭产生的厨余垃圾，包括果蔬及食物下脚料、剩菜剩饭、瓜果皮、盆栽残枝落叶等。

厨余垃圾的危害

1. 厨余垃圾是产生臭味的“臭垃圾”，滋生蚊蝇，传播疾病。
2. 厨余垃圾是污染可回收物的“脏垃圾”，使弄脏的可回收物不能再回收，只能作为其他垃圾废弃掉。
3. 厨余垃圾是垃圾渗滤液的主要来源之一，垃圾渗滤液也是当今处理难度大、处理成本高的污水之一。
4. 厨余垃圾含水较多，直接降低垃圾焚烧发电的热值，影响垃圾焚烧发电效率。

变废为宝——利用厨余垃圾

堆肥处理是通过自然界中广泛存在的微生物，将可降解的有机废物进行生物化学发酵，从而形成一种天然腐解的有机肥料，它可以很好地利用生活中的厨余垃圾。将果皮、菜叶、鸡蛋壳、咖啡渣、茶叶渣、植物剪枝等，放到堆肥箱里，适当添加清水，放在一个温暖的地方，3~6 个月厨余垃圾就能变成优质的有机肥了。

早间新闻
垃圾兽是否存在变异的可能?

NO.4
江边沦陷

现在播报早间新闻——
昨日傍晚，我市江边出现两只变异垃圾兽，造成了群众的恐慌……
随后，环盾局的垃圾分类小队赶到，制止了骚乱……
昨天，如果我有武器的话就不会那么危险了……
不行！

我得再去老爸实验室找找，看看还有没有什么厉害的武器！
窥视
呼……
好幸运，一个人都没有……
胖……
胖奇？
洁星，你鬼鬼祟祟的干吗呢？
该不会又要到哪里去偷玩吧？

啊……
我正准备出去
跑步呢。
流焰姐说晨跑对
身体好，嘿嘿。
放心，我就是
随便问问。
嗯，
我知道……
不过说真的，最
近垃圾兽活动很
频繁，最好不要
到处乱跑。
以免遇到危
险，知道吗？
紧急
通知！
全市多个区域遭
到大量小型垃圾
兽的攻击！
请垃圾分类小
队迅速出击！
分头行动，全
面击破！
小型垃圾兽
啊……
会不会是那个
人形垃圾兽在
捣鬼？

这么说，
终于到了本天才
出手的时候了。
洁星，
你想不想见一下哥威武
战斗的样子？
要不你求求我，说
不定我会带你去
现场哦。
呵呵，
我还是在家写
作业吧。
咦？
我必须抓紧时间给
自己弄个武器，否
则下次可就帮不上
忙了。
奇怪，一个平时就喜
欢跑去第一线的小
鬼居然拒绝了去现
场的邀请……
我去出任务
了，写作业
认真点。
少啰唆，
我可不想看你那
蹩脚的战斗方
式，快走吧。
十分钟后——
垃圾分类小队全
体出动，现在一
个人都没有了。

家里终于没人了，太爽了！
现在谁也别想阻止我翻箱倒柜了！
不过话说回来……
这屋里除了箱子，似乎也没有什么有价值的东西了。
不管了，先翻翻再说！
哗啦——
哗啦——
十分钟后——
呼呼
呼呼
不行啊，基本都是淘汰的废旧物。
一件能当作武器的东西都没有……

对哦……
还有这个。
不过这个大小……
咦？
这是……
密码锁？
咔！
叮
算了，
就拿它吧，
好歹是把剑……

唔……
还是8位数。
爸爸设置的密码从来都是我的生日。
那么剩下的数字是什么呢?
嗒嗒嗒
嗒嗒嗒
有了!
嘿嘿,果然是08080605!
我的生日加上世界环保日。
老爸的创意果然就是这么简单。
解锁成功
这……
这是?
嗡!

剑的形状……
改变了!
嗤!
提示:
绿环侠系统
正在更新
……
提示:
系统已启动，
绑定成功!
唔?!
这是……
环卫系统的
雷达分布!
还有流焰姐和
曙天哥他们所
在的位置!
原来如此，
所有的目标
都可以精准
定位!

老爸留下的武器果然不简单!
事不宜迟,我一定要炫给胖奇看看!
同一时间,街道——
啊啊啊!
好可怕的垃圾兽!
救命啊!
不要啊!别追我!
轰
可恶的垃圾兽,今天一定要把你们全部消灭!
喔,数量好多啊,看来胖奇一个人确实很吃力。
唰
下去帮帮他吧!

试试老爸的武器到底战斗力如何!
唰——
嚓嚓嚓嚓嚓——
唰——
绿……
绿环侠?

还有漏网之鱼!
各位,请到安全地带暂时躲避,这里交给我!
唉……风头又被他抢了。
唰—
绿环侠!太厉害了!
你就是我的偶像!
谢谢绿环侠救了我们!
不过他的确很强,不得不服。
清理完毕!附近街道 CLEAR!
嚓嚓嚓嚓嚓嚓—
嘿嘿嘿,原来当英雄的感觉这么美妙,接下来去流焰姐那边……
队长!怪兽们突然狂暴了起来,请求支援!

我们这边也是，无法立刻赶过去支援你！
你先撤退，等我们汇合了再做打算！
绵绵姐在求援……难道出了什么事？
抱歉，队长，我现在无法撤退……
我这里还有一些孩子和老人需要保护！
吼！

绵绵，挺住!
啪!
没事队长，我还能
抵挡一阵……
我一定会坚持到
增援到来!
通信结束!
未完待续……

被有害垃圾伤害的那些年

在我们的生活中，一直存在着一个潜在的“环境炸弹”，无时无刻不在威胁人类和地球的健康，它就是有害垃圾。现在，我们来好好认识一下这颗炸弹的真面目吧！

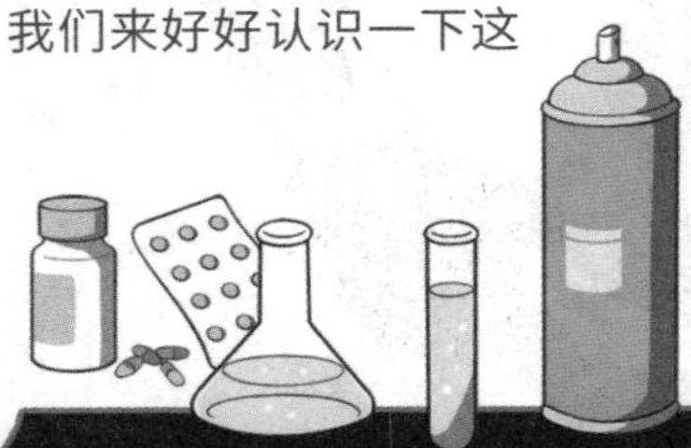

1 什么是有害垃圾

有害垃圾是指需要特殊安全处理的，对人体健康或者自然环境造成直接或者潜在危害的生活废弃物。包括：

1. 废镍镉电池和废氧化汞电池：充电电池、镉镍电池、铅酸电池、蓄电池、纽扣电池。
2. 废荧光灯管：荧光（日光）灯管、卤素灯。
3. 废药品及其包装物：过期药物、药物胶囊、药片、药品内包装、使用过的医用纱布棉签等。
4. 废油漆和溶剂及其包装物：废油漆桶、染发剂壳、过期的指甲油、洗甲水。
5. 废矿物油及其包装物。
6. 废含汞温度计、废含汞血压计：水银血压计、水银温度计。
7. 废杀虫剂及其包装：老鼠药（毒鼠强）、杀虫喷雾罐。
8. 废胶片及废相纸：感光胶片、相片底片。

2 有害垃圾的危害

就废弃灯管来说，一只普通节能灯约含有 0.5 毫克汞，如果 1 毫克汞渗入地下，会造成 360 吨的水被污染。汞也会以蒸气的形式进入大气，一旦空气中的汞含量超标，就会对人体造成危害，长期接触过量汞可造成中毒。水俣病就是慢性汞中毒最典型的公害病之一。

就过期药品而言，大多数药品过期后容易分解、蒸发，散发出有毒气体，造成室内环境污染，严重时还会对人体呼吸道产生危害。过期药品若是随意丢弃，会造成空气、土壤和水源环境的污染。一旦流入不法商贩之手，就会流转进入市场，造成更严重的后果。

3 有害垃圾投放的注意事项

1. 废灯管等易破损的有害垃圾应连带包装或包裹后投放。
2. 废弃药品宜连带包装一并投放。
3. 杀虫剂等压力罐装容器，应将里面的东西排空后投放。
4. 在公共场所产生有害垃圾且未发现对应收集容器时，应携带至有害垃圾投放点妥善投放。

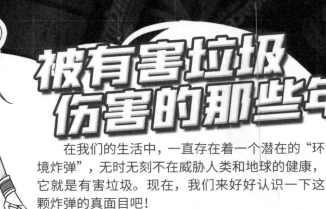

早间新闻
危机解除？绿环侠再次现身帮助环盾局垃圾分类小队！

NO.5
聚合型垃圾兽

我一定会坚持到支援到来，队长!
啊，我的小猫!
吼!
呀!
喵!

小心!
小朋友!躲在我身后!
休想往前一步,可恶的垃圾兽!
唰唰唰唰唰唰!
纳米机器人!

纳米牢笼!

聚拢……
消除!
唰唰唰唰唰唰唰——
环保力量回收
呵呵,别怕,这下安全了。
谢谢姐姐
姐……姐姐,后面……
你们以为这样就结束了吗?
打败了几个白痴就沾沾自喜,真是可笑。

聚合型垃圾兽!
而且还在吸收周围小型垃圾兽的能量碎片!
不要怕,姐姐会保护你的!
勇气可嘉,但是……
真是让人感动。
咔!
光凭你一个人,不过是螳臂当车!

同一时间——
唰
检测到前方出现巨大能量波……
启动应急预案，接入分类小队网络。
嘭！
糟糕！我得快一点，不然绵绵姐……
再快一点！再快一点……
唰
好重……
自不量力的人类！

谁都救
不了你!
再见吧!
咔啦啦啦啦!
谁说没有人能
来救她!

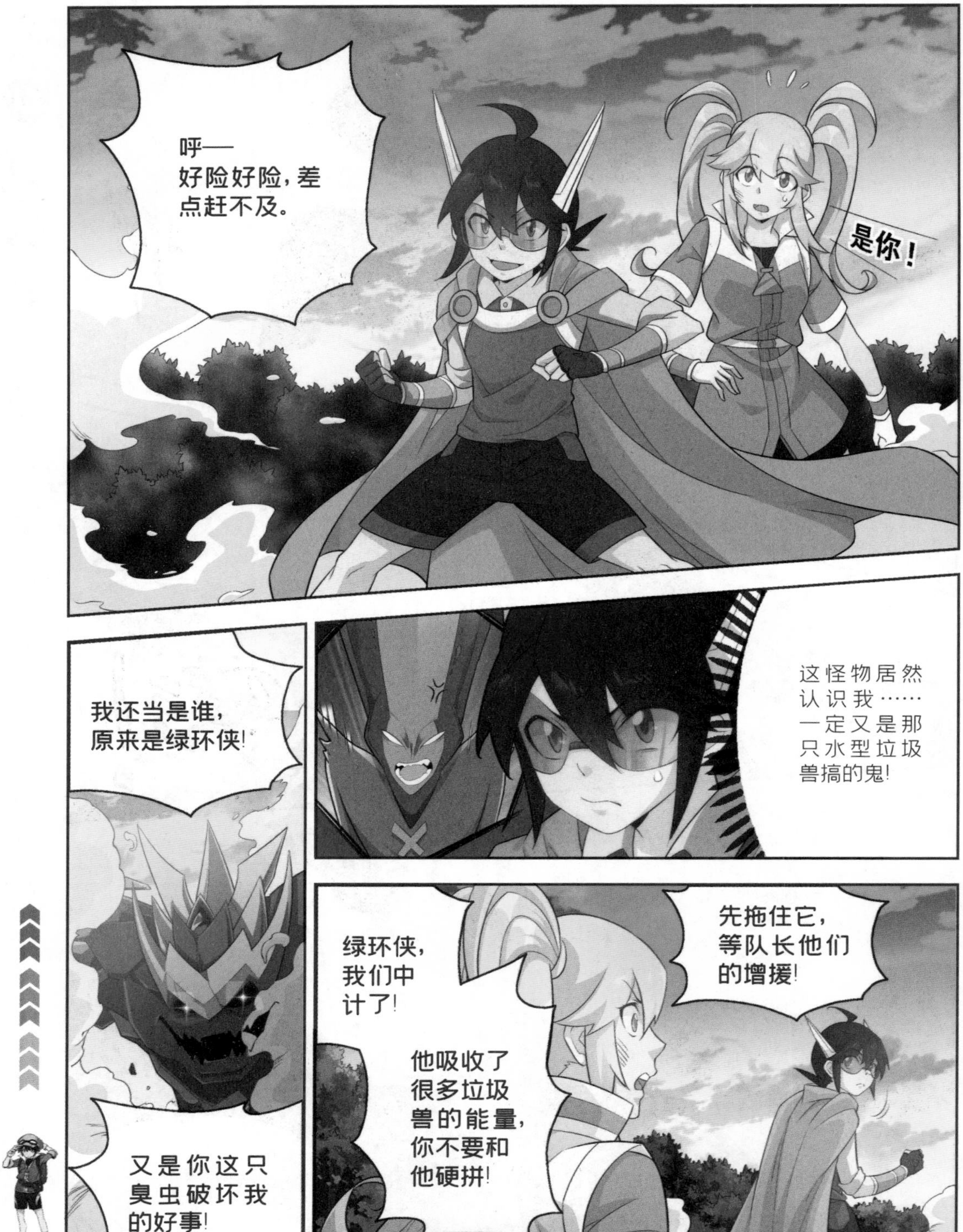
呼——
好险好险，差点赶不及。
是你！
我还当是谁，原来是绿环侠！
这怪物居然认识我……一定又是那只水型垃圾兽搞的鬼！
又是你这只臭虫破坏我的好事！
绿环侠，我们中计了！
他吸收了很多垃圾兽的能量，你不要和他硬拼！
先拖住它，等队长他们的增援！

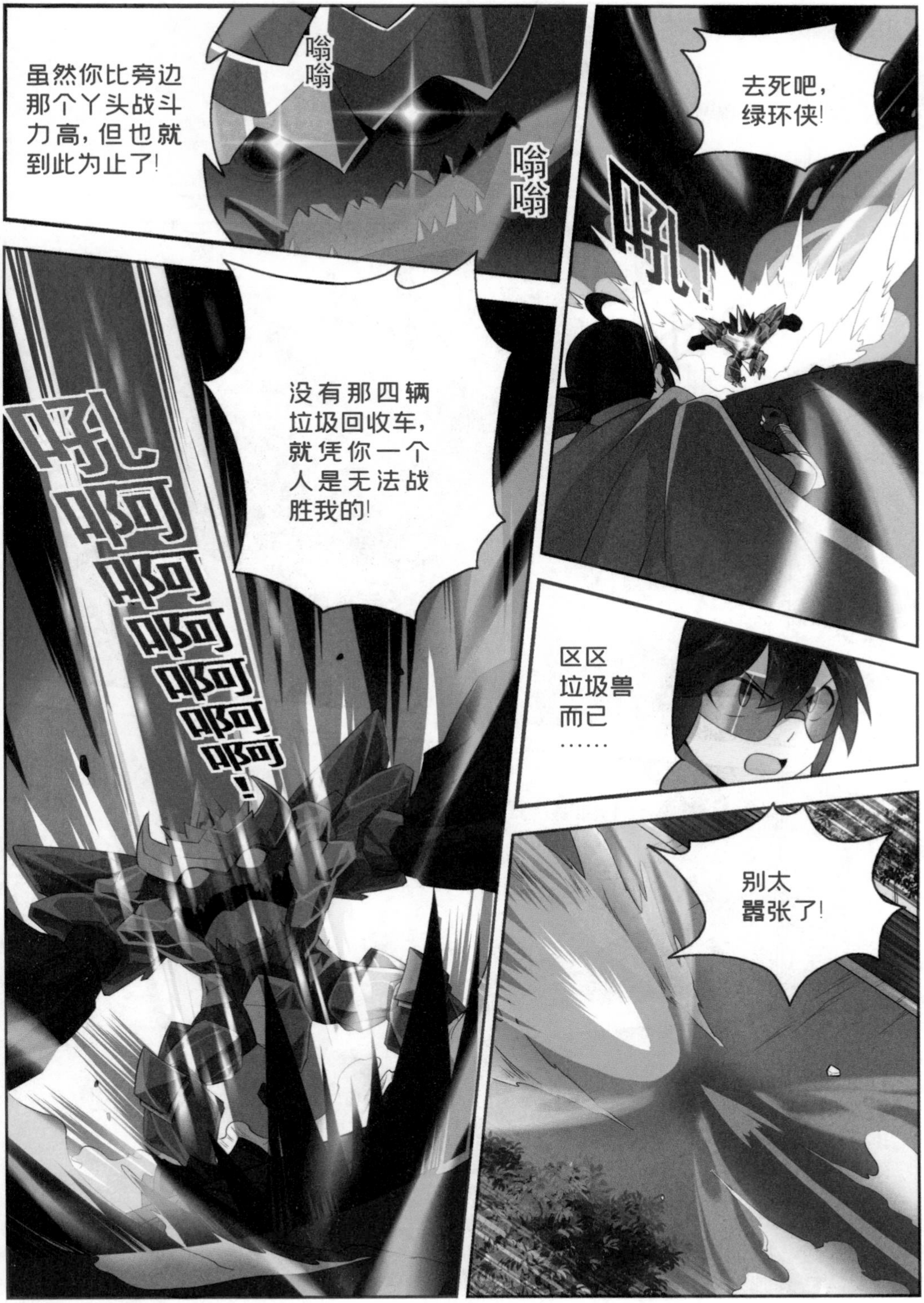
嗡嗡
虽然你比旁边那个丫头战斗力高，但也就到此为止了！
嗡嗡
去死吧，绿环侠！
吼！
没有那四辆垃圾回收车，就凭你一个人是无法战胜我的！
吼啊啊啊啊啊啊！
区区垃圾兽而已……
别太嚣张了！

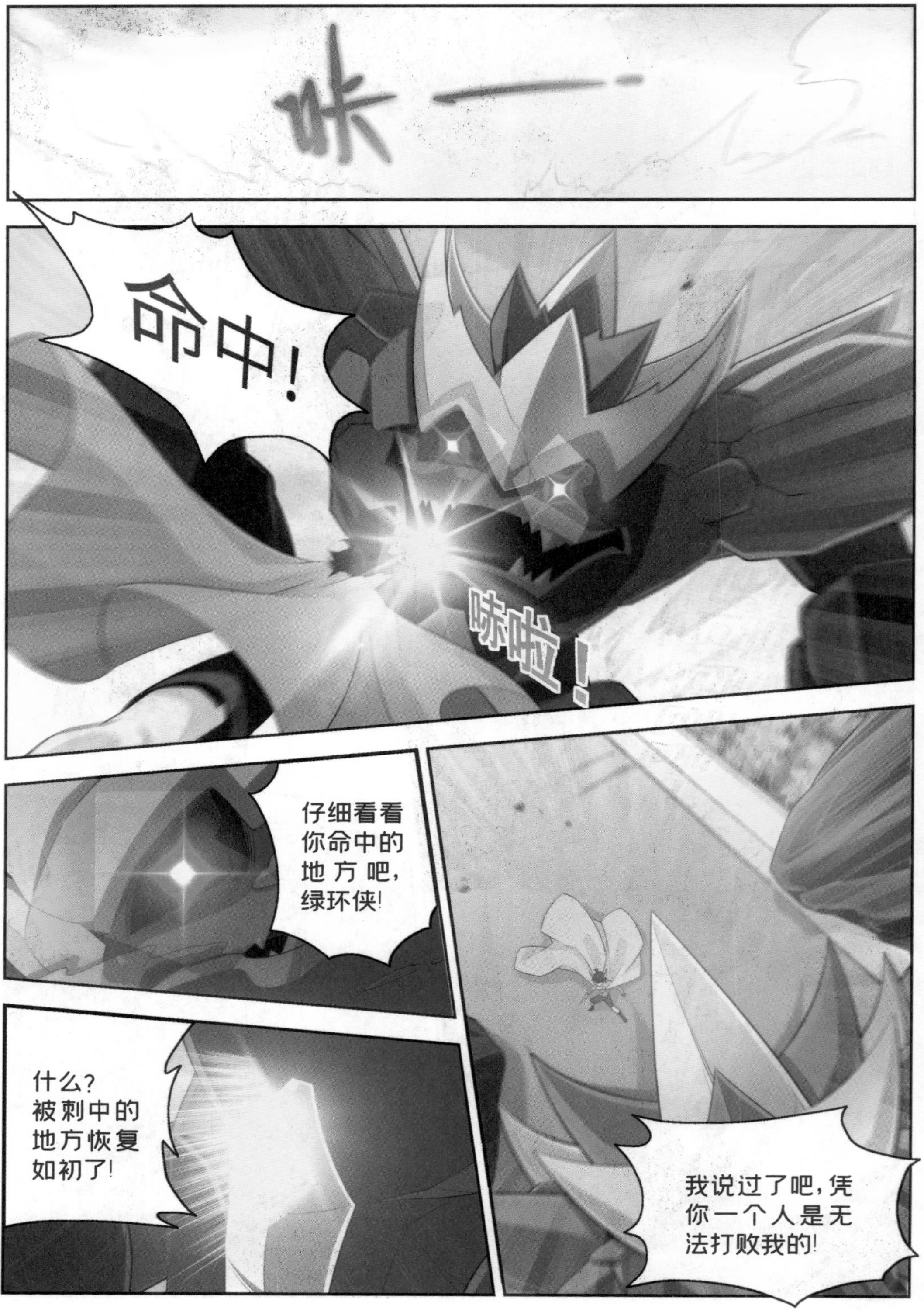
咔——
命中！
哧啦！
仔细看看你命中的地方吧，绿环侠！
什么？被刺中的地方恢复如初了！
我说过了吧，凭你一个人是无法打败我的！

嘭——
嗵
嗵
别担心。
绿环侠一定没有问题的!
咻!
姐姐，这个垃圾兽好强大……
绿环侠……不会有事吧?
啧!这家伙不光攻击力高防御力强速度快，而且还有自我修复能力……
好难缠!

检测到复合狂暴型垃圾兽，开启武器系统。
武器系统？
唰——
唰——
唰——
唰——
这是……曙天哥车上的标志！
出了什么事？车上的标志突然消失了……
我这边也是！

重剑
合成完毕!
咔嗒——
原先的剑……
变成重剑了!
嗡——
这才是用来
对抗你的武器!
接招吧!
原来
如此!

巨石埋葬！
咔——
重剑武器，作用——
其他垃圾回收。
水……
身体里的水分
消失了？
咔嚓——
轰隆——
Environmental Shield Agency
标志又出现了，
这次是流焰姐！

咔嚓
咔嚓
焚烧吧！
熔火对剑
合成完毕！
技能——
有害垃圾收回。
嗡——
唰——
喔！
这次是
双剑！

烈焰爆发!
唧!
哦?
轮到胖奇了。
咔—
荆棘刺枪合成完毕。
技能——厨余垃圾收回。
嗡—
长枪!

看枪吧!
不……
不要过来啊!
唧唧!
咔—

最后是
绵绵姐!
细剑!
凛冬之刃
合成完毕。
技能——
可回收物回收。
冻结吧!
然后用这个
终结你!
嗡
叮
唧唧唧!

环保力量 净化
咔——
嗷！
唰——
垃圾兽！

净化完成。
唰——
喔，标志出现了！
只要大家做好垃圾分类，做到物尽其用，就不会有垃圾兽出现了。
绵绵，你没事吧？
真的……被解决了！
总感觉在观赏处置现场一样……

抱歉，
我们来晚了。
我没事，多亏了绿环侠救了我。
这些都是绿环侠做的吗？
剩下的就交给你们了。
我还有事，先走啦！
某广场
FASHION CHINA
我知道你还在这里。
今天的事我也知道是你搞的鬼！
你记住，总有一天，我会抓到你！

别以为这么简单就结束了。
等待你的，还有两次考验！
SOHO
未完待续……

傻傻分不清的各种垃圾

如何判断日常生活中的垃圾到底归哪类？我们可以从垃圾末端的处理方式来倒推。比如：需要进行生化处理，通过微生物发酵，将垃圾中的易降解有机物变成卫生且无异味的腐殖质，通俗来说就是可以堆肥的是厨余垃圾。置于高温炉中焚烧的是其他垃圾。可以资源化利用的是可回收物。必须用特殊方法单独进行安全处理的是有害垃圾。

猪能吃的——厨余垃圾

猪都不吃的——其他垃圾

猪吃了会死的——有害垃圾

卖了可以换猪肉的——可回收物

我们以废纸为例来倒推垃圾归哪类

1. 餐巾纸、厕纸、湿巾。使用过的餐巾纸、厕纸可能已经吸收、包含了其他物质，湿巾纤维可能会受损，并存在二次污染风险，因而不会被回收处理。
2. 碎纸。虽然大多数普通纸都可以回收利用，但如果纸张被切碎，回收中心很难确定纸张类型，一般不会回收，也就是说碎纸不会被重新利用。
3. 色彩鲜艳的纸张。色彩鲜艳的纸张，去色漂白要耗费更多能源，所以这类纸张不适合回收。

以上这些不适合回收利用的废纸都属于其他垃圾。而报纸、杂志、图书、包装纸、办公用纸、纸盒等，因可以回收循环利用，属于可回收物。也就是说，我们判断废纸究竟属于哪类垃圾，看的是对这些废纸应该采取的处理方式：可以回收再利用的就是可回收物；不可回收最终可被焚烧的，归为其他垃圾。

当我们在日常生活中进行垃圾分类而又傻傻分不清时，可以将不知属于哪一类的垃圾归为其他垃圾，这是因为其他垃圾这一类别本身具有容错性。

NO.6 迎战第一交流生

早间新闻
一小二小科创竞赛拉开帷幕！

第一小学。
学校这次又搞了什么活动？
让我看看！
哎……别挤，别挤！
哦，是科创比赛啊！
关于科创作品竞赛的通知：
现学校安排科创竞赛活动，望在校学生重视，积极组织，参与比赛。
特此通知
这是咱们学校的强项。
现学校安排科创竞赛的活动，望在校学生重视，积极组织，
让开！都让开！

有我们在，凭你们那点成绩也敢称为强项？
更何况这次还有我们展飞哥在，你们就更别想赢了。
他们是谁？为什么校服和我们的不一样？
你不知道吗？他们是二小来我们学校的交流生。
大家不要在这里吵闹。
是白展飞！
没有必要在这些注定的失败者面前显示自己的强大。
不懂什么叫低调吗。

那个家伙就是他们说的展飞哥……
学霸就了不起吗？
一群狐假虎威的家伙！
白展飞，第二小学公认的尖子生，任何比赛都是第一名！
并且连续三年拿下市科创大赛小学组的第一名……
第二小学传说中的学霸！
唉……
实力强大真无奈，走到哪里都没办法低调行事。
嗖
无敌真是寂寞……

喂，
尖子生。
连垃圾分类都不会，你这个科创第一也不怎么样嘛。
唰
看不见分类投放的垃圾桶吗？
干得漂亮！
就该挫挫他们的锐气！
哪儿来的低年级小孩？
你在瞎说什么！
地球又不是因为垃圾分类才运转的！
垃圾分类根本就是毫无意义的小事！
在这个世界，学习成绩好才是王道！

唉，你们到底想过没有……
如果不预先进行分类，那么垃圾处理会成为一个巨大的问题。
不能有效地处理垃圾，那么终于会有一天，地球将会被堆积如山的垃圾淹没。
到了那个时候，再好的成绩也没有意义了吧？
我觉得他说得有道理。
如果真的被垃圾淹没，我们该怎么生存……
我们以后还是好好地做好垃圾分类吧。
洁星！我支持你！
我也是！

叫洁星的小鬼，你是因为输不起才编造这些话吗？
科创竞赛居然扯到垃圾分类，简直可笑。
就是，简直胡言乱语！
小屁孩，敢跟我们比吗？
八成是怕输给我们才找这些理由的吧。
我赌一个钢普拉，他会输得很惨！
现在认输还来得及，不要等到……
你还真是啰唆，尖子生……

你的挑战，
我接受了！
既然你这么
有自信，
那就比吧！
不要说
我欺负
你哦！
只是，既然是
比赛，总要有
赌注，这样才
有意思。
如果你输了，
不仅要磕头
认错，
还要趴在
展飞哥脚
边学狗叫，
怎么样？

这……这算什么赌约。
太过分了!
没关系。
如果我拿了第一名……
所有的交流生包括你自己都要帮我们分一个月的垃圾。
并且要去各个学校宣传垃圾分类的知识。
真有你的，洁星，这个时候还忘不了垃圾分类!
那好，咱们一言为定!

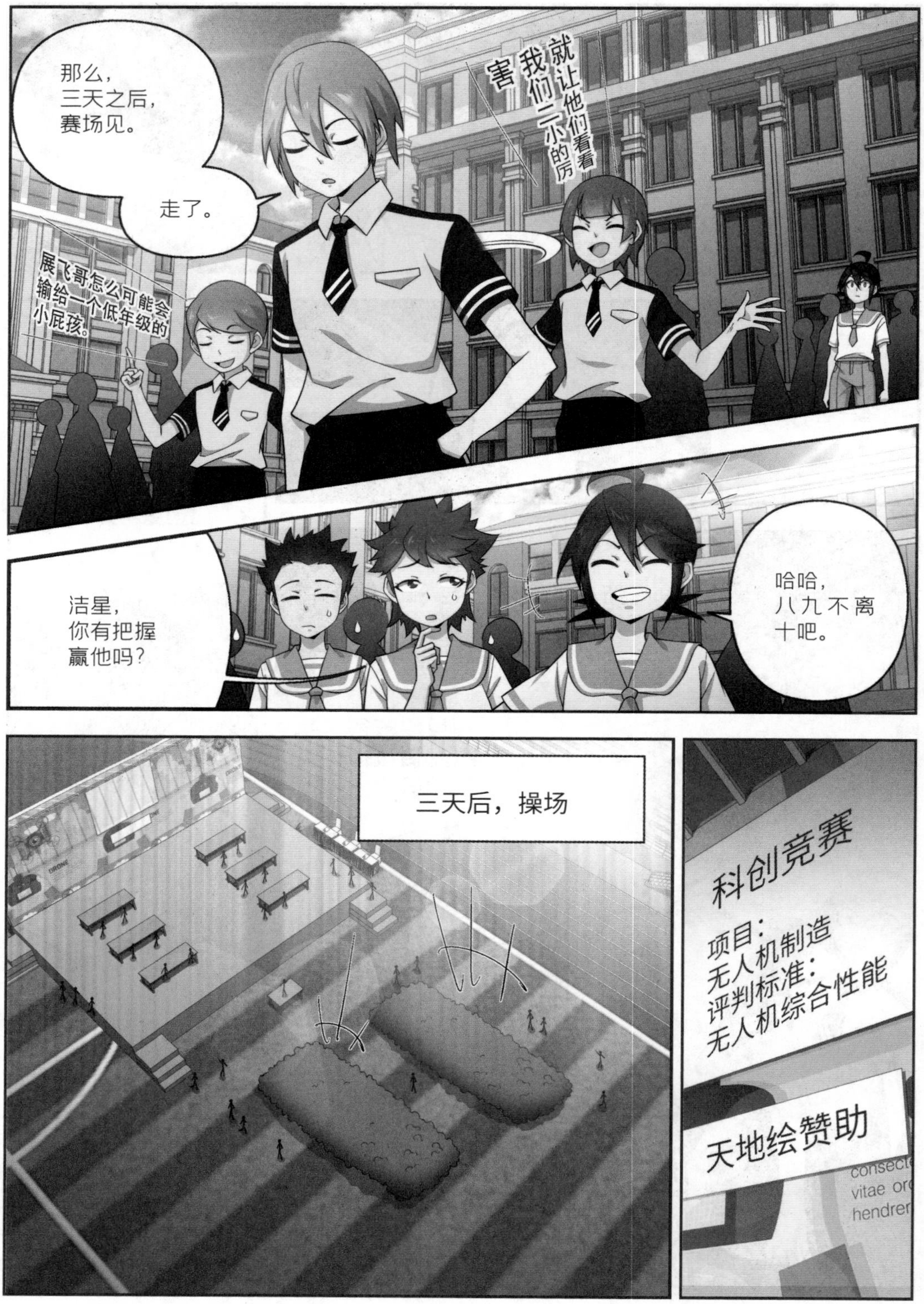
那么，三天之后，赛场见。
走了。
展飞哥怎么可能会输给一个低年级的小屁孩。
就让他们看看我们二小的厉害
洁星，你有把握赢他吗？
哈哈，八九不离十吧。
三天后，操场
科创竞赛
项目：
无人机制造
评判标准：
无人机综合性能
天地绘赞助

洁星!
加油!
加油!
展飞哥必胜!
展飞哥必胜!
科创竞赛,
无人机制造
比赛——
正式开始!
就用这些零
七碎八的零
件组装无人
机……
好难啊。
这个项目从来
没遇到过,该
怎么弄呢?

这次科创的项目好像很难,他们怎么都不太会的样子?
快看白展飞那边!
唰唰唰唰唰唰唰—
那家伙的手法又快又稳!
就连6毫米螺丝钉这么小的细节他居然都注意到了。
可恶,还以为他是吹牛,没想到真的实力超群!
洁星呢?
哈哈,看那傻小子居然去拿别人的边角料,脑子有问题吗?
唰唰
唰唰

不慌不慌，
还有时间。
哎……
他真的用心在
比赛吗？
啊，展飞哥已
经完成了！
好厉害！
这么短的时间内
居然能达到如此
高的完成度！
真是太
厉害了！
洁星那小鬼还
在到处乱窜。
之前口气挺大，原
来只有这种程度
而已。

这个打赌，
你输定了！
好，
材料齐备。
那么接
下来……
制作开始！
唰唰唰唰唰唰！
那小鬼的速度
也快得惊人！
那又怎么样，
丢人现眼而已！

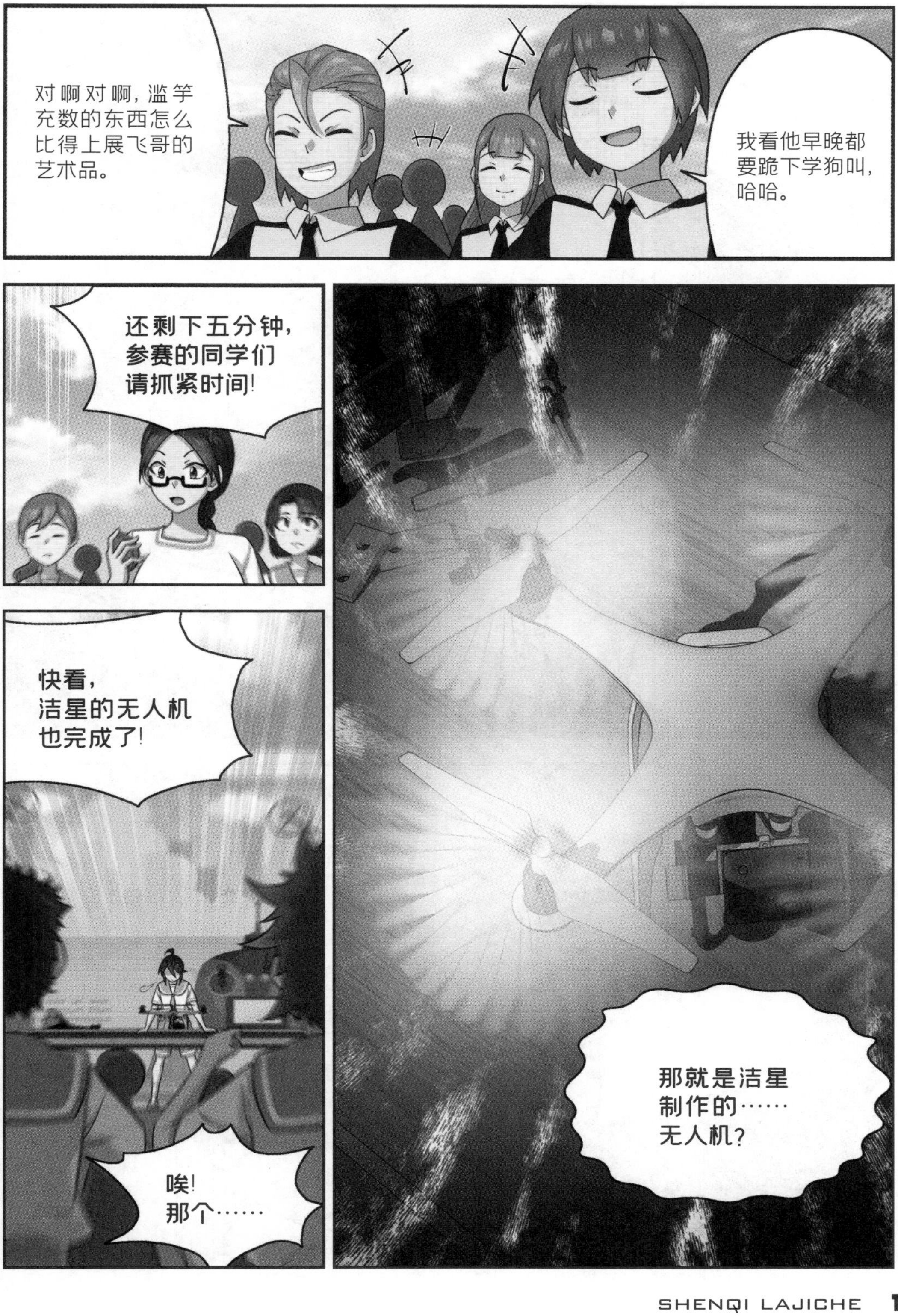
对啊对啊，滥竽充数的东西怎么比得上展飞哥的艺术品。
我看他早晚都要跪下学狗叫，哈哈。
还剩下五分钟，参赛的同学们请抓紧时间！
快看，洁星的无人机也完成了！
唉！那个……
那就是洁星制作的……无人机？

完了，这下真是输了……
可恶，难道我们真的不如二小吗……
嘟——
时间到!
所有参赛同学离开桌子依次下台……
参赛人员之中总共两人制作成功，有资格进入性能评定环节。
首先是白展飞同学的作品。
刚刚大家都看到了，白同学的飞行器不光速度惊人，而且达到了相当高的制作精度!
所有细节一丝不苟，不愧是连续三届的冠军!
唰——
那么，现在就来进行飞行测试。

居然飞得
这么高!
白哥
赢定了!
10米,20米,
50米……
这是……
电量消耗
过快的警
示铃声!
滴
还是赶快把它
降落下来吧。
唰
那么,
接下来评定的是
洁星的……
嗯……
总之造型很独特
的作品吧。
未完待续……

可以回收的垃圾与变废为宝

垃圾千万吨，污染很伤神。垃圾不分类，地球两行泪！

为了让我们的地球妈妈不再流泪，快来加入我们的环盾局，和队员们一起做好垃圾分类，消灭垃圾怪兽！

垃圾不分好坏，乱扔垃圾才是不对的！而且有些垃圾是可以二次利用或者收集起来做其他用途，这种就叫可回收物。哪些垃圾可回收，我们又能如何利用好可回收物呢？搬好小板凳，一起来学习吧！

可回收物有哪些？

品类	常见实物
废纸张	纸板箱、报纸、废弃书本、快递纸袋、打印纸、信封
废塑料	食用油桶、塑料碗（盆）、塑料盒子、塑料衣架、PE 塑料、 pvc、亚克力板、塑料卡片
废玻璃制品	窗玻璃等平板玻璃
废金属	金属瓶罐（易拉罐、食品罐 / 桶）、金属厨具（菜刀、锅）、金属工具（刀片、指甲剪、螺丝刀）
废织物	棉被、包、皮带、丝绸
小型电子废弃物	电路板 （主板、内存条）、充电宝、电线、插头、手机、电话机、电饭煲、U 盘、遥控器、照相机

■ 以下这些不是可回收物

1	被污染的废纸。为了防水，大多数一次性纸质餐盒和杯子的内壁都有一层聚乙烯薄膜，剥离这种材料成本代价较高，还有可能产生新的污染；比萨饼盒、酸奶盒常会有食品油渍渗入，导致纸的纤维价值降低无法再利用。所以这些都属于其他垃圾。
2	复合型材料的物品。有一些物品单看材质似乎是属于塑料或金属类的，比如牙刷、树脂眼镜等，但其实它们的材质比较复杂。如果要对它们进行回收再利用，就得进行拆解，这不仅需要投入大量成本，而且拆解过程也可能对环境造成二次污染。所以这一类物品建议归入其他垃圾。
3	薄型塑料袋。薄型塑料袋本身循环利用的价值很低，且使用后往往被污染，也属于其他垃圾。
4	废旧贴身衣物。废旧贴身衣物，由于用途特殊，没有回收价值，属于其他垃圾。

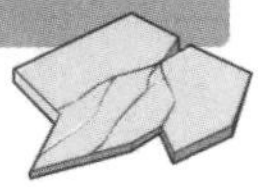

我们可以做什么？

1. 直接利用，比如我们购物的外包装纸箱，以后可以装一下衣服或者是玩偶，过时的衣服，可以拿来做成家用的拖布。只要开动脑筋，就没有什么是不可以解决的。
2. 循环使用，到市场或者超市购物的时候，可以带上自己的购物袋，避免使用塑料胶袋，既环保又省事。
3. 如果你有很多过时不要的衣服，或者旧书籍，可以找当地的志愿者协会等机构捐出，帮助更多山区的孩子。
4. 倒垃圾的时候，请按照分类要求分类投放，以便清洁工更好地进行清理。

编号：001

环盾局测试

请将垃圾投入对应的垃圾桶内

药水
玻璃
动物内脏
废卫生纸
香蕉皮
刀具
相片
纸箱
相机胶卷
收据
收据
塑料袋
橘子皮

厨余垃圾
Food Waste
可回收物
Recyclable
有害垃圾
Hazardous Waste
其他垃圾
Residual Waste

环盾局测试

请选择正确的答案

用✓和✗表示对与错

1. 废日光灯管属于可回收物

2. 废旧电子芯片属于有害垃圾

3. 废荧光灯管是有害垃圾

4. 消毒剂属于有害垃圾

5. 所有电池都是有害垃圾

选择正确的选项

6. 电热蚊香片属于（　　）

A. 厨余垃圾
B. 干垃圾
C. 有害垃圾
D. 可回收物

7. 有害生活垃圾单独收运和处理工作已引起社会高度重视，下列选项中哪些不是生活有害垃圾？（　　）

A. 含汞荧光灯
B. 废水银温度计
C. 碱性电池
D. 过期药品

8. 下列哪个不属于有害垃圾？（　　）

A. 打印机墨盒
B. 玻璃瓶
C. 摩丝发胶瓶
D. 蓄电池

9. 报纸和打印墨盒分别属于哪类垃圾？（多选题）（　　　）

A. 可回收物
B. 干垃圾
C. 有害垃圾
D. 厨余垃圾

10. 下列属于有害垃圾的有（多选题）(　　　　)

A. 动物粪便
B. 染发剂
C. 碎玻璃
D. 除草剂包装袋

11. 下列关于垃圾分类的行为正确的是（多选题）(　　　)

A. 赵同学将矿泉水瓶丢入干垃圾桶里
B. 周同学将碎玻璃渣扔进有害垃圾桶里
C. 沈同学将没吃完的哈密瓜扔进湿垃圾桶里
D. 王同学将柿子皮丢进绿色垃圾桶里

大家一起做手工

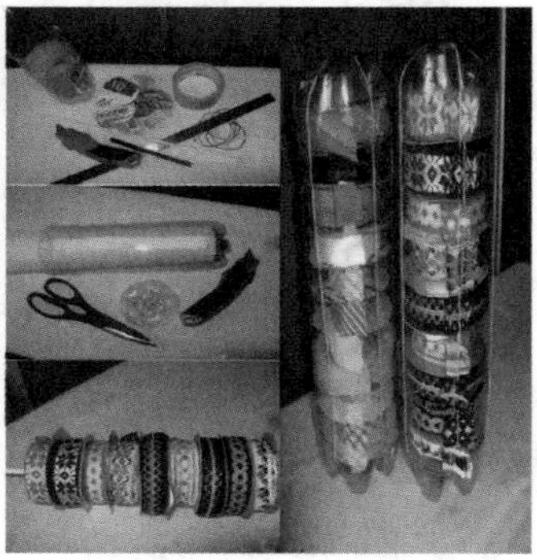

● 彩带收纳

如果你是一个手工达人，有很多丝带、胶带或者彩带，可以试试这个方法哦。

● 纸盒礼物丝带收纳

我们的鞋盒用来做彩带收纳盒真是太实用不过了。只是需要在盒子侧面钻几个孔，以后用起彩带就方便多啦。

● 书本、CD 收纳

你家的洗衣液瓶子每次用完后都是直接扔掉吗？以后再也不要扔了！将洗衣液瓶子剪一剪，就可以省钱啦。按照不同的领域把书分门别类装好，既实用又简单。还可以放各种其他小物品，例如CD、洗漱用品……超级方便好用有木有。

● 本子、笔、文件夹收纳

小编感觉，自从有了收纳的意识后，快递纸箱都快成了本编最爱的物品之一了。改造起来简单，用起来又非常方便，快递箱作为收纳界的扛把子，果然名不虚传。

后记

地球正在被垃圾淹没，垃圾围城每天都在上演。随着经济社会发展和物质消费水平大幅提高，我国垃圾产生量迅猛增长。这不仅造成资源浪费，也使环境隐患日益突出，成为经济社会持续健康发展的制约因素、人民群众反映强烈的突出问题。遵循减量化、资源化、无害化原则，实施垃圾分类处理，引导人们形成绿色发展方式和生活方式，可以有效改善环境，促进资源回收利用，也有利于国民素质提升、社会文明进步。

可以说，实施垃圾分类处理是保护环境、实现社会绿色、可持续发展的根本途径。

垃圾分类需要全民参与。全社会一起来为改善环境作努力，一起来为绿色、可持续发展作贡献。为此我们出版了这套垃圾分类的漫画书，以此唤起和提高社会对垃圾分类的认识和环境保护意识。之所以采用漫画的形式，是漫画因为易于被读者接受，尤其是对孩子们来说。只有当垃圾分类成为全社会推崇的新时尚，神州大地才会处处绿水青山，蓝天白云。

在本书的编写过程中，得到了武汉市垃圾分类工作领导小组的大力支持，武汉市环境卫生科学研究院的喻晓院长和蒲华老师对全书的科普知识内容进行了审定，并提出了宝贵的建设性意见，在此一并表示衷心的感谢。

图书在版编目(CIP)数据

神奇垃圾车. 1，污水绿光 / 漫阅花喵编绘.
—武汉：长江出版社，2020.6
ISBN 978-7-5492-6939-6

Ⅰ. ①神… Ⅱ. ①漫… Ⅲ. ①垃圾处理—少儿读物
Ⅳ. ①X705-49

中国版本图书馆CIP数据核字(2020)第079162号

神奇垃圾车. 1，污水绿光　　漫阅花喵 编绘

责任编辑：梁琰
出版发行：长江出版社
地　　址：武汉市解放大道1863号　　邮　　编：430010
网　　址：http://www.cjpress.com.cn
电　　话：(027)82926557(总编室)
　　　　　(027)82926806(市场营销部)
经　　销：各地新华书店
印　　刷：中印南方印刷有限公司
规　　格：787mm×1092mm　　1/16　　8印张　　120千字
版　　次：2020年6月第1版　　2020年6月第1次印刷
ISBN　978-7-5492-6939-6
定　　价：32.80元